Entwurf und Gestaltung eines Bebauungsplans

Hanna Weniger

Bibliografische Information der Deutschen Nationalbibliothek:

Die Deutsche Nationalbibliothek verzeichnet diese Publikation in der Deutschen Nationalbibliografie; detaillierte bibliografische Daten sind im Internet über http://dnb.d-nb.de abrufbar.

ISBN: 9783346998088
Dieses Buch ist auch als E-Book erhältlich.

© GRIN Publishing GmbH
Trappentreustraße 1
80339 München

Druck und Bindung: Books on Demand GmbH, Norderstedt Germany
Gedruckt auf säurefreiem Papier aus verantwortungsvollen Quellen

Das vorliegende Werk wurde sorgfältig erarbeitet. Dennoch übernehmen Autoren und Verlag für die Richtigkeit von Angaben, Hinweisen, Links und Ratschlägen sowie eventuelle Druckfehler keine Haftung.

Das Buch bei GRIN: https://www.grin.com/document/1438484

Modul: DLBBIVK01 - Vermessungskunde

Semester: 1. Semester

Studiengang: Fernstudium Bachelor of Engineering Bauingenieurwesen

 FALLSTUDIE 2

Bebauungsplan

Verfasserin   Hanna Weniger

Abgabetermin: 27.07.2023

Selters, den 27.07.2023

INHALTSVERZEICHNIS

ABBILDUNGSVERZEICHNIS

ABKÜRZUNGSVERZEICHNIS

1. EINLEITUNG

1.1 Zielsetzung

Ziel der folgenden Fallstudie im Rahmen meines Bachelorfernstudiengangs Bauingenieurwesen ist es, mit Hilfe der kostenfreien Software QGIS einen Bebauungsplan zu entwerfen und gestalten.[1]

Die genaue Aufgabenstellung lautet: „Eine Gemeinde möchte gerne ein größeres Bauland in mehrere Parzellen aufteilen und einen Bebauungsplan erstellen. Auf dem Bauland befindet sich eine Fläche mit Neophyten, die vorgängig entfernt werden muss."[2]

Zuerst werde ich den Begriff Bebauungsplan (B-Plan) und dessen Inhalt erklären. Anschließend werde ich erläutern, wie man einen B-Plan mit Hilfe der kostenfrei zur Verfügung stehenden Software QGIS erstellt. Dazu müssen u.a. Koordinaten umgerechnet, in QGIS eingelesen, Parzellen abgegrenzt und Flächen ermittelt werden. Zum Schluss werde ich die Vorteile einer GIS-Software aufzeigen und einen Vergleich mit einer CAD-Software ziehen.

---

[1] (IU Internationale Hochschule, 2023, S. 4)
[2] (IU Internationale Hochschule, 2023, S. 2)

2. BEBAUUNGSPLAN

2.1 Definition

Der Bebauungsplan, auch B-Plan bezeichnet, wird aus dem übergeordneten Flächennutzungsplan entwickelt und legt die zulässige Nutzung und Bebauung eines Grundstücks bzw. Gebiets fest. Außerdem wird vorgegeben welche Grünflächen erhalten werden müssen, wie tief und hoch ein Grundstück bebaut werden darf und wie viele Geschosse zulässig sind. Er enthält gem. BauNVO[3] verbindliche Vorschriften über die bauliche Nutzung eines Grundstückes und wird als Satzung gem. §10 BauGB[4] erlassen.

2.2 Zweck

Die Aufgaben der Bauleitplanung, unter die, neben dem vorbereitenden Bauleitplan (Flächennutzungsplan), auch der Bebauungsplan (verbindlicher Bauleitplan) fällt, wird in §1 BauGB[5] erläutert. Letztlich hat die Erstellung eines Bebauungsplans vor allem das Ziel, eine nachhaltige städtebauliche Entwicklung im Interesse des Gemeinwohls zu gewährleisten.

2.3 Inhalt

In der Regel besteht ein B-Plan aus zwei Teilen. Teil A enthält eine Planzeichnung auf einer amtlichen Flurkarte und Teil B eine textliche Begründung. Da es jedoch keine genaue gesetzliche Regelung gibt, kann ein Bebauungsplan auch nur aus einer Begründung (Teil B) bestehen[6]. In dieser Begründung muss gem. §2a BauGB[7] die Ziele, Zwecke und Auswirkungen der Planung erklärt und begründet werden.

Die möglichen Inhalte eines Bebauungsplans werden gem. §9 BauGB[8] festgelegt. Folgende Punkte müssen jedoch zwingend definiert werden.

2.3.1 Art der baulichen Nutzung

Gemäß §1-15 BauNVO[9] werden verschiedene Bauflächen bzw. Baugebiete aufgezählt, die unterschiedliche Arten der baulichen Nutzung vorschreiben.

2.3.2 Maß der baulichen Nutzung

In §16-21a BauNVO[10] wird das Maß der baulichen Nutzung festgelegt. Dazu zählen die Grundflächenzahl (GRZ), die Anzahl der erlaubten Vollgeschosse (VG), die Geschossflächenzahl (GFZ), die Baumassenzahl (BMZ) und die Gebäudehöhe.

---

[3] (Gesetze im internet, 2023)
[4] (Gesetze im Internet, 2023)
[5] (Gesetze im Internet, 2023)
[6] (Juraforum, 2023)
[7] (Gesetze im Internet, 2023)
[8] (Gesetze im Internet, 2023)
[9] (Gesetze im internet, 2023)
[10] (Gesetze im internet, 2023)

Die Grundflächenzahl (GRZ) ist ein Faktor, mit dem die maximal bebaubare Grundstücksfläche berechnet werden kann. Eine GRZ von 0,4 bedeutet, dass 40 Prozent des Grundstückes bebaut bzw. versiegelt werden dürfen. (§19 BauNVO[11])

Die Geschossflächenzahl (GFZ) ist eine Dezimalzahl, mit der das Verhältnis der Grundstücksfläche zu den addierten Flächen aller Geschosse festgelegt wird. Eine GFZ von 0,8 bedeutet bei einem Grundstück mit 1.000 Quadratmetern, dass die Geschossfläche max. 800 Quadratmeter besitzen darf. (§20 BauNVO[12])

Die Baumassenzahl (BMZ) gibt an, wie viel Volumen pro Quadratmeter Grundstücksfläche erlaubt sind. (§21 BauNVO[13])

2.3.3 Bauweise

Gemäß §22 BauNVO[14] sind zwei verschiedene Bauweisen zulässig. Die offene und die geschlossene Bauweise. Bei der offenen Bauweise werden Gebäude mit seitlichem Grenzabstand errichtet. Dabei kann im Bebauungsplan festgelegt werden, auf welche Fläche welche Hausform (Einzelhaus, Doppelhaus, Hausgruppe) erlaubt ist.

Bei der geschlossenen Bauweise hingegen werden Häuser ohne seitlichen Grenzabstand gebaut. In Ausnahmen kann im Bebauungsplan eine abweichende Bauweise festgesetzt werden.

2.3.4 Überbaubare Grundstücke

Die überbaubaren Grundstücke werden durch Baulinien, Baugrenzen und Bebauungstiefe gem. §23 BauNVO[15] festgelegt.

2.4 Verfahren

Das Verfahren zur Aufstellung von Bebauungsplänen wird im BauGB[16] geregelt. Man unterscheidet dabei in vier verschiedene Verfahrensarten. Dazu zählen das reguläre bzw. normale Verfahren (gem. §§ 8, 10 BauGB), das vereinfachte Verfahren (gem. §13 BauGB), das beschleunigte Verfahren (gem. §§ 13a, 13b BauGB) und das vorhabenbezogene Verfahren (gem. § 10 Abs. 1 BauGB)[17].

Ein Bebauungsplanverfahren beginnt immer mit der Fassung eines Aufstellungsbeschlusses durch den Gemeinderat. Dieser Beschluss bezieht sich immer auf ein abgegrenztes Gebiet bzw. Grundstück, für das der Bebauungsplan gelten soll.

---

[11] (Gesetze im internet, 2023)
[12] (Gesetze im internet, 2023)
[13] (Gesetze im internet, 2023)
[14] (Gesetze im internet, 2023)
[15] (Gesetze im internet, 2023)
[16] (Gesetze im Internet, 2023)
[17] (Gemeinde Kessbronn, 2023, S. 1)

Im nächsten Schritt erstellt ein beauftragtes Planungsbüro einen ersten Planentwurf. Zur Bewertung und Ermittlung der Auswirkungen des Bebauungsplans auf die Umwelt wird eine Umweltprüfung durchgeführt, für die verschiedene Gutachten (z.B. Baugrundgutachten, Bodengutachten, Artenschutzgutachten) erstellt werden müssen. Gemäß §§3 Abs. 1, 4 Abs. 1 BauGB können in dieser Planungsphase die Öffentlichkeit und Behörden frühzeitig an der Planung beteiligt werden.

Wurden alle notwendigen Gutachten erstellt, wird der Bebauungsplan zusammen mit einer textlichen Begründung öffentlich ausgelegt. Während dieser Auslegung haben alle Bürger:innen und Behörden die Möglichkeit den Bebauungsplan einzusehen und dazu Stellung zu nehmen. Nach Ablauf der Frist werden alle Stellungsnahmen ausgewertet und der Gemeinderat muss dann eine Abwägungsentscheidung treffen. Er kann nun beschließen den Bebauungsplan anzupassen bzw. zu ändern oder den Bebauungsplan als Satzung zu beschließen (Satzungsbeschluss). In erstem Fall muss ein neuer Planentwurf erstellt und erneut öffentlich ausgelegt werden. In zweitem Fall wird der wirksame Bebauungsplan öffentlich und ortsüblich bekanntgegeben und tritt somit in Kraft.[18]

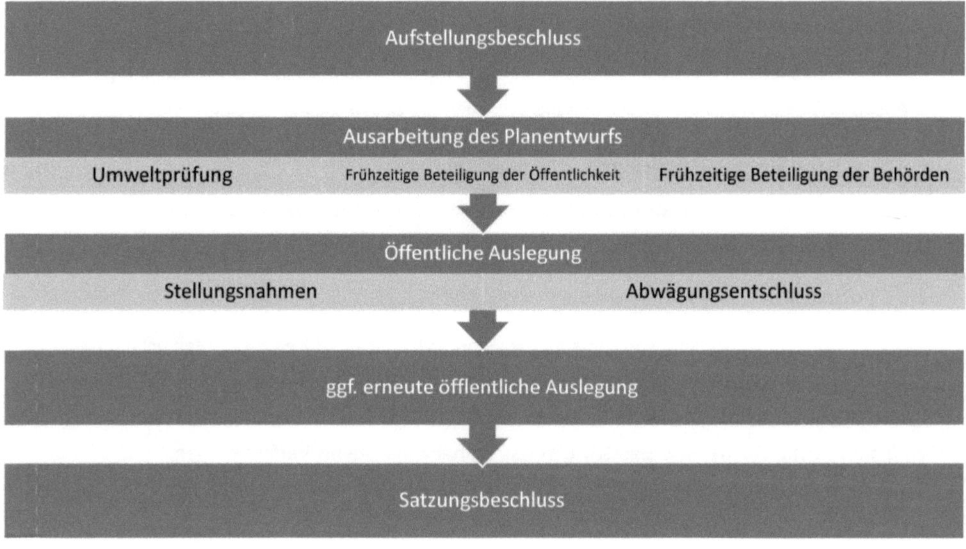

Abbildung 1: Grafische Darstellung des Bebauungsplanverfahrens – Eigene Darstellung

---

[18] (Gemeinde Kressbronn, 2023)

3. ENTWURF UND GESTALTUNG DES BEBAUUNGSPLANS

3.1 Vorgaben

Für die Gestaltung des Bebauungsplans werden verschiedene Angaben in der Aufgabenstellung bereitgestellt.

Es liegen UTM33-Koordinaten eines Grenzpunktes vor und dazugehörige Abstandswerte, Richtungswinkel und Geländehöhen weiterer Grenzpunkte. Außerdem sind Koordinaten der Baulinie, öffentlichen Fläche und einer Neophytenfläche gegeben. Die Koordinaten der Baulinie und Neophytenfläche liegen im Koordinatensystem Gauß-Krüger-System vor und müssen daher transformiert werden.

Weitere bekannte Daten sind:

- GRZ 0.4
- GFZ 0.8
- Wohngebiet
- Offene Bauweise
- Max. 2 Vollgeschosse
- Max. Gebäudehöhe: 7 m

3.2 Berechnung der fehlenden Grenzpunkt-Koordinaten mit Excel

Für die Berechnung der aufeinanderfolgenden Grenzpunkt-Koordinaten werden alle bekannten Werte in eine Exceltabelle eingetragen. Es entsteht somit eine Exceltabelle mit den Überschriften *Grenzpunkte*, *UTMx*, *UTMy*, *Abstand s*, *Gon-Winkel*, *Höhe* und *Code*.

Diese Tabelle wird um die Überschriften ergänzt, die berechnet werden müssen. Diese sind: *Grad-Winkel*, *T Grad*, *Arctan Grad*, *Differenz x* und *Differenz y*. Es entsteht folgende erste Übersicht, die anschließend durch Berechnungen gefüllt wird.

Grenzpunkte	UTMx	UTMy	Abstand s	Gon-Winkel	Grad-Winkel	T Grad	Arctan Grad	Differenz x	Differenz y	Höhe	Code
1	5288783.935	341404.916								800.500	Grenze
2			32.000	43.150						800.250	Grenze
3			28.000	200.000						800.000	Grenze
4			38.000	300.000						800.700	Grenze
5			28.000	300.000						800.500	Grenze
6			4.000	100.000						800.500	Grenze
7			32.000	300.000						800.600	Grenze
8			38.000	100.000						800.700	Grenze
9			32.000	100.000						800.800	Grenze
10			28.000	200.000						801.000	Grenze

Abbildung 2: Screenshot Excel / Übersicht der Exceltabelle - Eigene Darstellung

Zuerst müssen die gegebenen Gon-Winkel in Grad umgerechnet werden. Die Einheit Gon bezieht sich auf einen Vollkreis mit $2\pi = 400 \, gon$ in der Vermessung, in der Mathematik rechnet man jedoch mit $2\pi = 360°$.[19] Zum Umrechnen der Werte in die Einheit Grad wird die Formel *Gon-Winkel*(360/400)* in Excel verwendet.

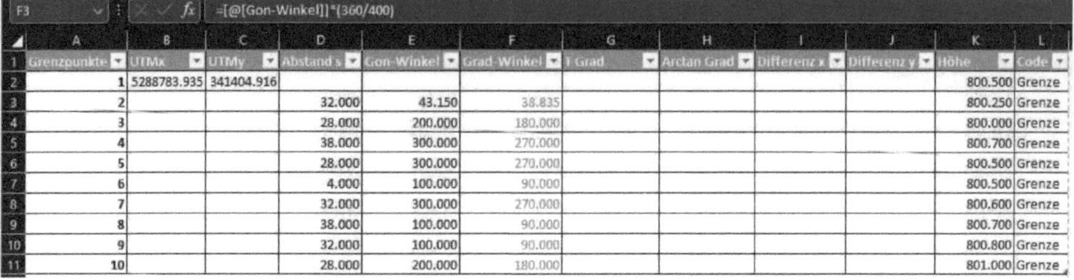

F3 =[@[Gon-Winkel]]*(360/400)

	Grenzpunkte	UTMx	UTMy	Abstand s	Gon-Winkel	Grad-Winkel	T Grad	Arctan Grad	Differenz x	Differenz y	Höhe	Code
2	1	5288783.935	341404.916								800.500	Grenze
3	2			32.000	43.150	38.835					800.250	Grenze
4	3			28.000	200.000	180.000					800.000	Grenze
5	4			38.000	300.000	270.000					800.700	Grenze
6	5			28.000	300.000	270.000					800.500	Grenze
7	6			4.000	100.000	90.000					800.500	Grenze
8	7			32.000	300.000	270.000					800.600	Grenze
9	8			38.000	100.000	90.000					800.700	Grenze
10	9			32.000	100.000	90.000					800.800	Grenze
11	10			28.000	200.000	180.000					801.000	Grenze

Abbildung 3: Screenshot Excel / Umrechnung Gon in Grad - Eigene Darstellung

Als nächstes wird der Richtungswinkel *T Grad* in die Tabelle eingetragen. Dieser ergibt sich aus den Gon-Winkeln.

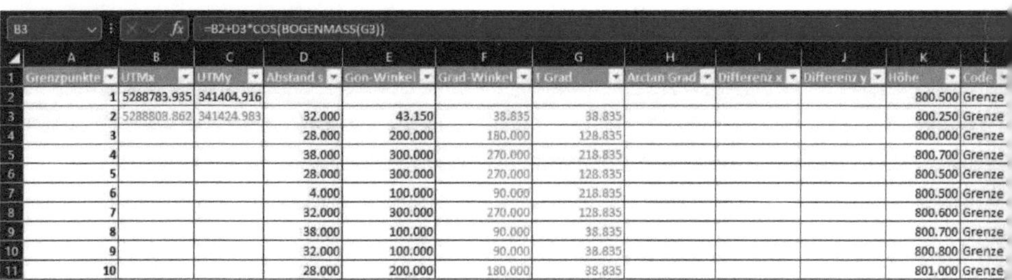

	Grenzpunkte	UTMx	UTMy	Abstand s	Gon-Winkel	Grad-Winkel	T Grad	Arctan Grad	Differenz x	Differenz y	Höhe	Code
2	1	5288783.935	341404.916								800.500	Grenze
3	2			32.000	43.150	38.835	38.835				800.250	Grenze
4	3			28.000	200.000	180.000	128.835				800.000	Grenze
5	4			38.000	300.000	270.000	218.835				800.700	Grenze
6	5			28.000	300.000	270.000	128.835				800.500	Grenze
7	6			4.000	100.000	90.000	218.835				800.500	Grenze
8	7			32.000	300.000	270.000	128.835				800.600	Grenze
9	8			38.000	100.000	90.000	38.835				800.700	Grenze
10	9			32.000	100.000	90.000	38.835				800.800	Grenze
11	10			28.000	200.000	180.000	38.835				801.000	Grenze

Abbildung 4: Screenshot Excel / Berechnung von T Grad – Eigene Darstellung

Nun können die Koordinaten des zweiten Grenzpunkts mit den Formeln $[UTMx] + [Abstand\ s] * COS(BOGENMASS([Grad - Winkel]))$ **und** $[UTMy] + [Abstand\ s] * SIN(BOGENMASS([Grad - Winkel]))$ berechnet werden.

B3 =B2+D3*COS(BOGENMASS(G3))

	Grenzpunkte	UTMx	UTMy	Abstand s	Gon-Winkel	Grad-Winkel	T Grad	Arctan Grad	Differenz x	Differenz y	Höhe	Code
2	1	5288783.935	341404.916								800.500	Grenze
3	2	5288808.862	341424.983	32.000	43.150	38.835	38.835				800.250	Grenze
4	3			28.000	200.000	180.000	128.835				800.000	Grenze
5	4			38.000	300.000	270.000	218.835				800.700	Grenze
6	5			28.000	300.000	270.000	128.835				800.500	Grenze
7	6			4.000	100.000	90.000	218.835				800.500	Grenze
8	7			32.000	300.000	270.000	128.835				800.600	Grenze
9	8			38.000	100.000	90.000	38.835				800.700	Grenze
10	9			32.000	100.000	90.000	38.835				800.800	Grenze
11	10			28.000	200.000	180.000	38.835				801.000	Grenze

Abbildung 5: Screenshot Excel / Berechnung des zweiten Grenzpunkts – Eigene Darstellung

Die Koordinaten der Grenzpunkte drei bis zehn können ähnlich berechnet werden. Hierbei wird jeweils der Richtungswinkel *T Grad* des vorigen Grenzpunktes für die Berechnung verwendet.

---

[19] (IU Internationale Hochschule, 2023, S. 14)

Formelzeile: `=C3+[@[Abstand s]]*SIN(BOGENMASS(G3))` (Zelle C4)

Grenzpunkte	UTMx	UTMy	Abstand s	Gon-Winkel	Grad-Winkel	T Grad	Arctan Grad	Differenz x	Differenz y	Höhe	Code
1	5288783.935	341404.916								800.500	Grenze
2	5288808.862	341424.983	32.000	43.150	38.835	38.835				800.250	Grenze
3	5288830.672	341442.541	28.000	200.000	180.000	128.835				800.000	Grenze
4	5288806.843	341472.141	38.000	300.000	270.000	218.835				800.700	Grenze
5	5288785.033	341454.583	28.000	300.000	270.000	128.835				800.500	Grenze
6	5288782.524	341457.699	4.000	100.000	90.000	218.835				800.500	Grenze
7	5288757.598	341437.632	32.000	300.000	270.000	128.835				800.600	Grenze
8	5288733.769	341467.232	38.000	100.000	90.000	38.835				800.700	Grenze
9	5288758.695	341487.299	32.000	100.000	90.000	38.835				800.800	Grenze
10	5288780.506	341504.857	28.000	200.000	180.000	38.835				801.000	Grenze

Abbildung 6: Screenshot Excel / Berechnung der Grenzpunkte 3-10 – Eigene Darstellung

Im nächsten Schritt werden die Differenzen der UTMx- und UTMy-Koordinaten berechnet. Dabei werden jeweils die Koordinaten des vorigen Grenzpunktes von denen des nächsten subtrahiert. Dies geschieht mit den Formeln $[Differenz\ x] = [UTMx\ Grenzpunkt\ 2] - [UTMx\ Grenzpunkt\ 1]$ und $[Differenz\ y] = [UTMy\ Grenzpunkt\ 2] - [UTMy\ Grenzpunkt\ 1]$.

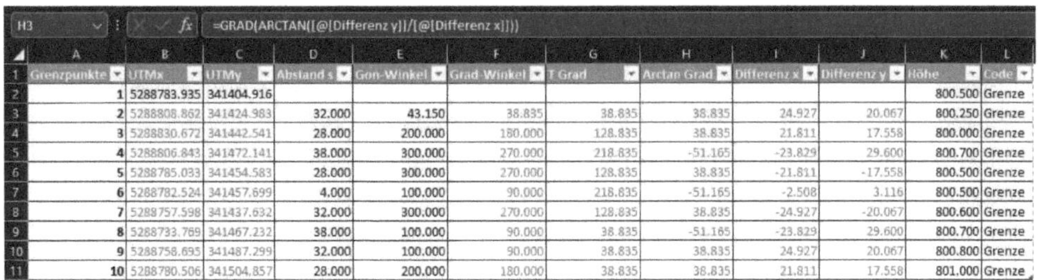

Formelzeile: `=B3-B2` (Zelle I3)

Grenzpunkte	UTMx	UTMy	Abstand s	Gon-Winkel	Grad-Winkel	T Grad	Arctan Grad	Differenz x	Differenz y	Höhe	Code
1	5288783.935	341404.916								800.500	Grenze
2	5288808.862	341424.983	32.000	43.150	38.835	38.835		24.927	20.067	800.250	Grenze
3	5288830.672	341442.541	28.000	200.000	180.000	128.835		21.811	17.558	800.000	Grenze
4	5288806.843	341472.141	38.000	300.000	270.000	218.835		-23.829	29.600	800.700	Grenze
5	5288785.033	341454.583	28.000	300.000	270.000	128.835		-21.811	-17.558	800.500	Grenze
6	5288782.524	341457.699	4.000	100.000	90.000	218.835		-2.508	3.116	800.500	Grenze
7	5288757.598	341437.632	32.000	300.000	270.000	128.835		-24.927	-20.067	800.600	Grenze
8	5288733.769	341467.232	38.000	100.000	90.000	38.835		-23.829	29.600	800.700	Grenze
9	5288758.695	341487.299	32.000	100.000	90.000	38.835		24.927	20.067	800.800	Grenze
10	5288780.506	341504.857	28.000	200.000	180.000	38.835		21.811	17.558	801.000	Grenze

Abbildung 7: Screenshot Excel / Berechnung der Differenzen x und y - Eigene Darstellung

Jetzt können mit den berechneten Differenzen und der Arctan-Funktion weitere Grad-Werte ermittelt werden, die genauere Daten über den Richtungswinkel T Grad aufzeigen. Hierzu wird die Formel $GRAD(ARCTAN([Differenz\ y]/[Differenz\ x]\ ))$ in Excel verwendet.

Zum Schluss erhält man folgende komplett ausgefüllte Exceltabelle.

Formelzeile: `=GRAD(ARCTAN([@[Differenz y]]/[@[Differenz x]]))` (Zelle H3)

Grenzpunkte	UTMx	UTMy	Abstand s	Gon-Winkel	Grad-Winkel	T Grad	Arctan Grad	Differenz x	Differenz y	Höhe	Code
1	5288783.935	341404.916								800.500	Grenze
2	5288808.862	341424.983	32.000	43.150	38.835	38.835	38.835	24.927	20.067	800.250	Grenze
3	5288830.672	341442.541	28.000	200.000	180.000	128.835	38.835	21.811	17.558	800.000	Grenze
4	5288806.843	341472.141	38.000	300.000	270.000	218.835	-51.165	-23.829	29.600	800.700	Grenze
5	5288785.033	341454.583	28.000	300.000	270.000	128.835	38.835	-21.811	-17.558	800.500	Grenze
6	5288782.524	341457.699	4.000	100.000	90.000	218.835	-51.165	-2.508	3.116	800.500	Grenze
7	5288757.598	341437.632	32.000	300.000	270.000	128.835	38.835	-24.927	-20.067	800.600	Grenze
8	5288733.769	341467.232	38.000	100.000	90.000	38.835	-51.165	-23.829	29.600	800.700	Grenze
9	5288758.695	341487.299	32.000	100.000	90.000	38.835	38.835	24.927	20.067	800.800	Grenze
10	5288780.506	341504.857	28.000	200.000	180.000	38.835	38.835	21.811	17.558	801.000	Grenze

Abbildung 8: Screenshot Excel / Übersicht Exceltabelle ausgefüllt - Eigene Darstellung

3.3 Export der Excel-Datei

Um die Daten später in QGIS importieren zu können, müssen diese im CSV-Dateiformat abgespeichert werden. Dazu speichert man die zuvor erstellte Exceltabelle im Dateityp *CSV (Macintosh)(*.csv)*.

Abbildung 9: Screenshot Excel / Export als CSV-Datei - Eigene Darstellung

Nun muss die abgespeicherte CSV-Datei geöffnet und angepasst werden. Die Spalten *Abstand s*, *Gon-Winkel*, *Grad-Winkel*, *T Grad*, *Arctan Grad*, *Differenz x* und *Differenz y* können gelöscht werden. Die Spalte *UTMy* wird in *E* unbenannt, die Spalte *UTMx* wird in *N* umbenannt, die Spalte Höhe bekommt die Überschrift *H* und dann werden die Spalten wie auf dem folgenden Screenshot zu sehen angeordnet.

	A	B	C	D	E	F	G	H	I	J	K	L
1		E	N	H	Code							
2	1	341404.916	5288783.935	800.500	Grenze							
3	2	341424.983	5288808.862	800.250	Grenze							
4	3	341442.541	5288830.672	800.000	Grenze							
5	4	341472.141	5288806.843	800.700	Grenze							
6	5	341454.583	5288785.033	800.500	Grenze							
7	6	341457.699	5288782.524	800.500	Grenze							
8	7	341437.632	5288757.598	800.600	Grenze							
9	8	341467.232	5288733.769	800.700	Grenze							
10	9	341487.299	5288758.695	800.800	Grenze							
11	10	341504.857	5288780.506	801.000	Grenze							

Abbildung 10: Screenshot Excel / Anpassung der CSV-Datei - Eigene Darstellung

3.4 Koordinatentransformation

Die Punktgruppen Baulinien und Neophytenflächen liegen im Gauß-Krüger (GK) Koordinatensystem vor, daher müssen diese Koordinaten transformiert werden. Das LDBV Bayern bietet auf ihrer Internetseite eine kostenlose Möglichkeit zur Koordinatentransformation an[20].

Dafür wird für die jeweilige Punktgruppe eine TXT-Datei vorbereitet, die wie folgt aufgebaut sein muss.

```
1      4566488.440      5288671.190
2      4566512.300      5288703.300
3      4566560.470      5288667.510
4      4566536.610      5288635.400
```

Abbildung 11: Screenshot Notepad / Koordinaten Baulinien GK - Eigene Darstellung

Anschließend können nacheinander die TXT-Dateien hochgeladen werden, daraufhin muss das richtige Ziel-Koordinatensystem „UTM33 15° ohne Meridiankennziffer E-N (EPSG 25833)" und dann können die neuen TXT-Dateien gedownloadet werden.

---

[20] (LDBV Bayern, 2023)

Abbildung 12: Screenshots LDBV Bayern / Koordinatentransformation – Eigene Darstellung

3.5 Koordinatenbezugssystem in QGIS zuordnen

Nun kann QGIS gestartet und ein neues leeres Projekt geöffnet werden.

Bevor man mit dem Importieren der Daten beginnt, muss das richtige Koordinatensystem dem Projekt zugeordnet werden. Den benötigten EPSG-Code findet man auf der Internetseite des LDBV Bayern[21]. Der Code des Koordinatensystems UTM33(15°) lautet *25833*.

Um das Koordinatensystem des Projekts zu ändern, klickt man unten rechts in der Ecke auf „EPSG". Anschließend sucht man in dem sich öffnenden Fenster nach „25833" und ordnet das Koordinatensystem *ETRS89 / UTM zone 33N* als Koordinatenbezugssystem (KBS) dem Projekt zu. Nachdem man auf Anwenden und OK geklickt hat, sollte nun folgendes KBS angezeigt werden.

Abbildung 13: Screenshot QGIS / Koordinatensystem zuordnen - Eigene Darstellung

3.6 Import der Punktgruppe Grenzpunkte in QGIS

Als nächstes wird die in Absatz 3.3 erstellte CSV-Datei der Grenzpunkte in QGIS importiert. Dazu wird ein Textdatei-Layer unter der Funktion *Layer > Layer hinzufügen > Getrennte Textdatei als Layer hinzufügen…* oder mit der Tastenkombination *Strg+Umschalt+T* hinzugefügt.

---

[21] (LDBV Bayern, 2023)

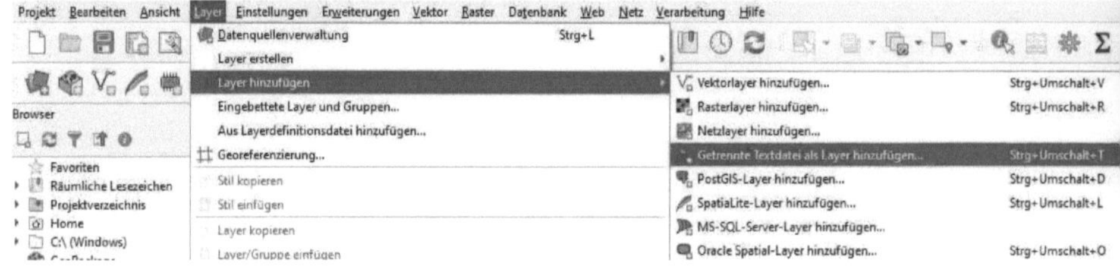

Abbildung 14: Screenshot QGIS / Getrennte Textdatei hinzufügen - Eigene Darstellung

In dem sich öffnenden Fenster müssen nun verschiedene Einstellungen vorgenommen werden. Zuerst wird oben die abgespeicherte CSV-Datei im Explorer ausgewählt, in dem man auf die drei Punkte rechts klickt und dann die CSV-Datei öffnet.

Anschließend wählt man bei Dateiformat *Benutzerdefiniert* und setzt einen Haken bei *Semikolon*.

Bei dem Unterpunkt „Geometriedefinition" wählt man *Punktkoordinaten* aus und ordnet dann dem X-Feld *E*, dem Y-Feld *N* und dem Z-Feld *H* zu. Außerdem wählt man als Geometrie-KBS das *Projekt-KBS* aus.

Unter Layereinstellungen werden nun Beispieldaten angezeigt, die aus der CSV-Datei ausgelesen wurden. Bei den ersten vier Spalten wählt man als Dateiformat *1.2 Dezimal (double)* aus. Nur bei der Spalte Code gibt man als Dateiformat *abc Text (string)* an.

Wenn alle Einstellungen, wie auf dem folgenden Screenshot zu sehen, vorgenommen wurden, kann der Layer erstellt und dem Projekt hinzugefügt werden.

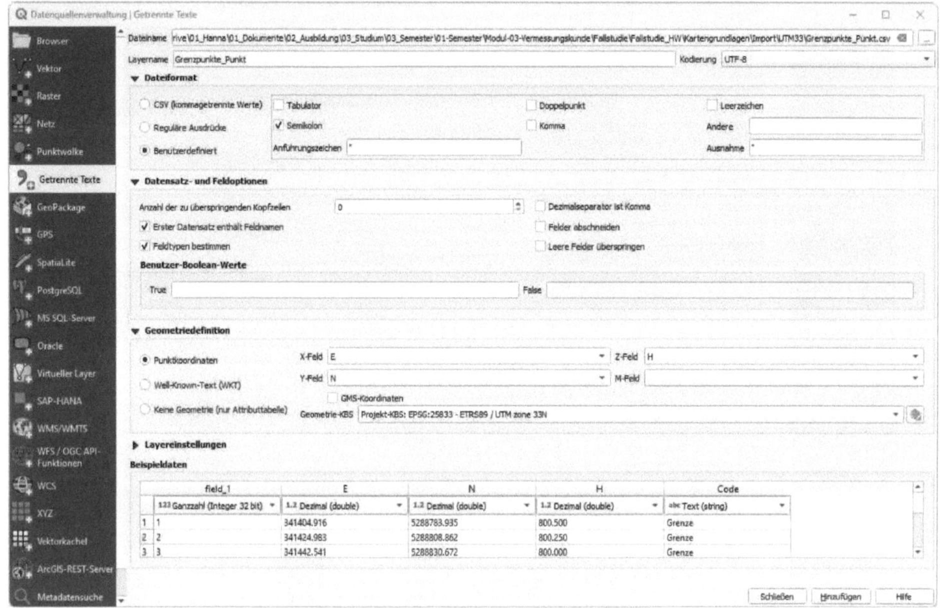

Abbildung 15: Screenshot QGIS / Einstellungen Getrennte Texte - Eigene Darstellung

3.7 Import der übrigen Punktgruppen in QGIS

Den in Abschnitt 3.6 erklärten Vorgang wiederholte man für die Punktgruppen Baulinien, Neophytenflächen und öffentliche Flächen, die man jeweils als TXT-Datei abgespeichert hat.

Die TXT-Dateien müssen wie folgt aussehen und die Zeileninhalte jeweils mit Tabulatur getrennt werden.

```
       E           N          H           Code
1      341418.98   5288785.45             Baulinie
2      341444.06   5288816.61             Baulinie
3      341490.80   5288778.98             Baulinie
4      341465.72   5288747.83             Baulinie
```

Abbildung 16: Screenshot Notepad / TXT-Dateien - Eigene Darstellung

Die Einstellungen für das Erstellen des jeweiligen Layer sehen bei allen drei Punkgruppen wie folgt aus.

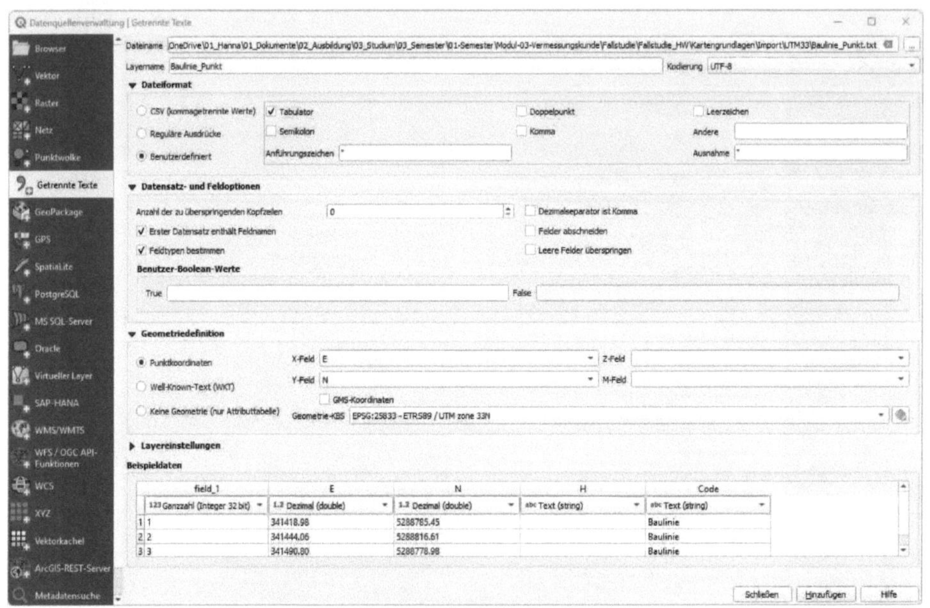

Abbildung 17: Screenshot QGIS / Einstellung Getrennte Texte 2 - Eigene Darstellung

Nach Import aller Punktgruppen und Drehung der Ansicht um -39,0°, kann durch Doppelklick auf den jeweiligen Layer unter Symbolisierung die Farbe des jeweiligen Punktsymbols eingestellt werden. Danach erhält man folgende Ansicht im Kartenfenster.

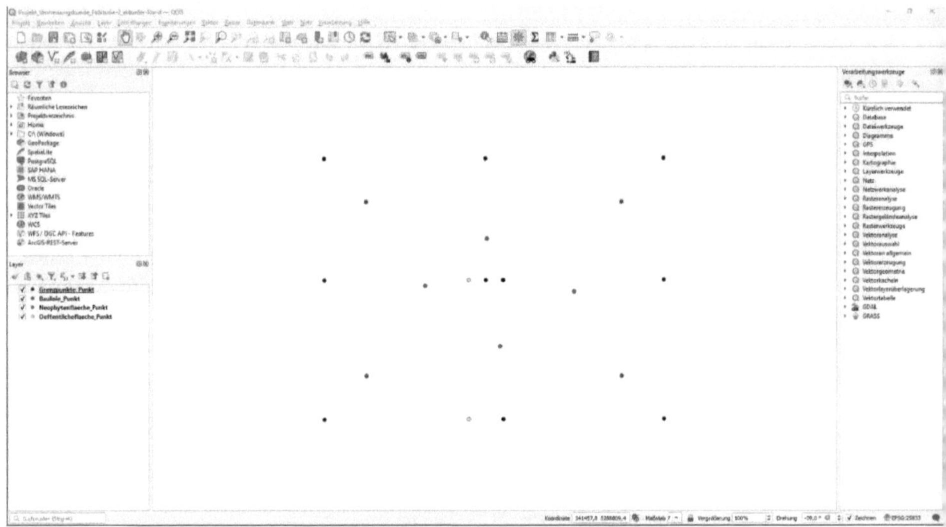

Abbildung 18: Screenshot QGIS / Darstellung aller vier Punkgruppen - Eigene Darstellung

3.8 Erstellung eines Geländemodells (DGM)

Im Folgenden sollen Höhenlinien auf dem gesamten Gelände angezeigt werden. Dafür muss aus dem Punkt-Layer Grenzpunkte per Interpolation (TIN) ein Raster-Layer erstellt werden.

Dazu sucht man unter den Verarbeitungswerkzeugen, die man mit der Tastenkombination *Strg+Alt+T* öffnen kann, nach *TIN* und wählt dann mit einem Doppelklick *TIN-Interpolation* aus.

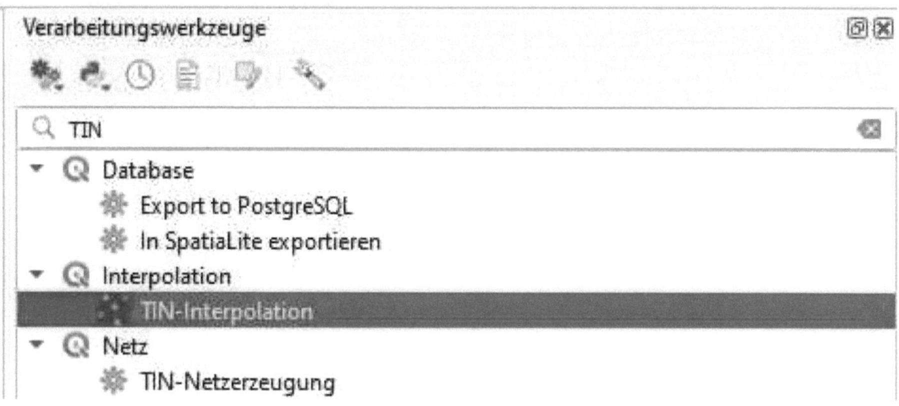

Abbildung 19: Screenshot QGIS / Verarbeitungswerkzeug TIN-Interpolation - Eigene Darstellung

Im folgenden Fenster wählt man als Vektor-Layer *Grenzpunkte* aus, als Interpolationsattribut H und klickt anschließend auf das grüne Pluszeichen. Die Interpolationsmethode ist *Linear* und als Ausdehnung wählt man *Aus Layer berechnen > Grenzpunkte*.

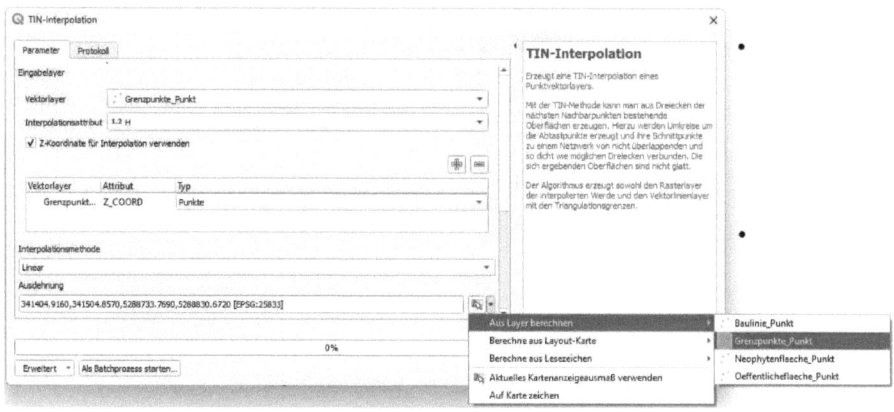

Abbildung 20: Screenshot QGIS / Einstellungen TIN-Interpolation - Eigene Darstellung

Anschließend sucht man in den Verarbeitungswerkzeugen nach *Kontur* und wählt unter Rasterextraktion das Werkzeug *Kontur* aus. Mit diesem Werkzeug können alle zehn Zentimeter

Höhenlinien hinzugefügt werden, in dem im Fenster Kontur als Eingabelayer der erstellte Raster-Layer ausgewählt und als Intervall zwischen den Konturlinien *0,1* eingetragen wird.

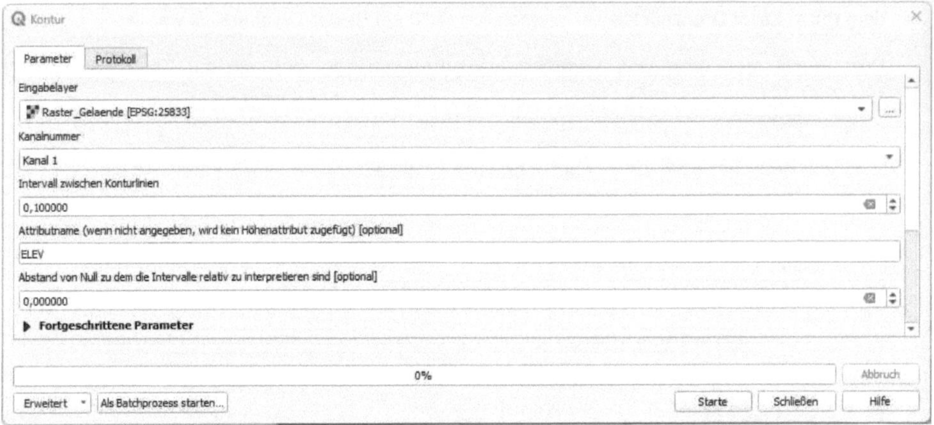

Abbildung 21: Screenshot QGIS / Einstellungen Konturen einfügen - Eigene Darstellung

Nach Starten der Funktion Kontur ergibt sich nun folgendes Bild im Kartenfenster von QGIS.

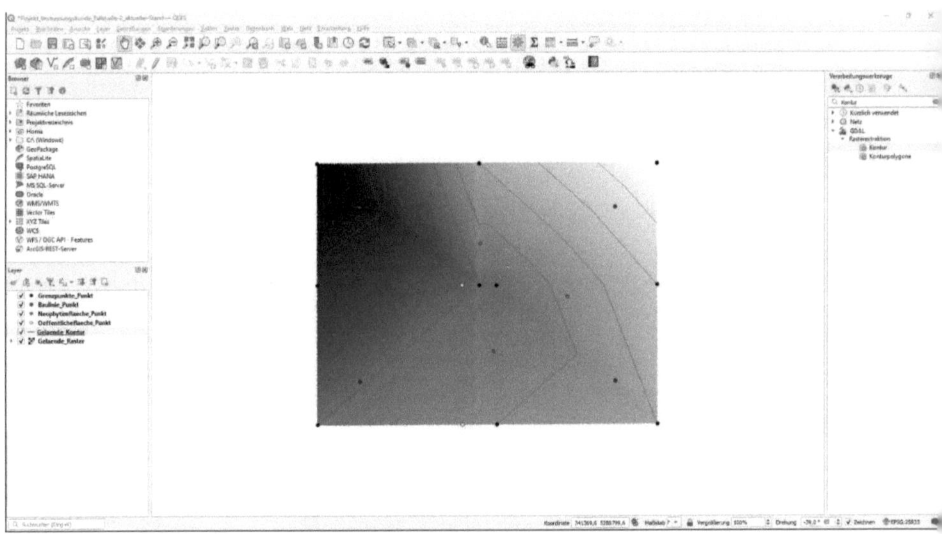

Abbildung 22: Screenshot QGIS / Punktgruppen mit Höhenlinien - Eigene Darstellung

Für die folgenden Schritte kann der Raster-Layer *Interpoliert* ausgeblendet werden, in dem in der Schaltfläche Layer der Haken deaktiviert wird.

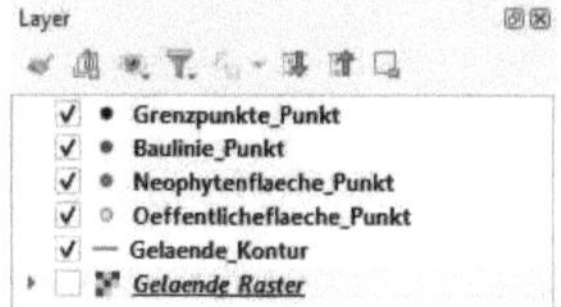

Abbildung 23: Screenshot QGIS / Layer ausblenden - Eigene Darstellung

3.9 Erstellung von Linien-Layer

Als nächstes sollen die vier Parzellen mit Linien abgegrenzt werden.

Zuerst wird für jede Parzelle eine TXT-Datei erstellt. Parzelle 1 enthält die Grenzpunkte 2, 3, 4 und 5, Parzelle 2 besteht aus den Grenzpunkten 4, 5, 6, 9 und 10, Parzelle 3 die Grenzpunkte 6, 7, 8, 9 und Parzelle 4 enthält die Grenzpunkte 1 und 2, sowie die Punkte 1 und 2 der öffentlichen Fläche. Anschließend werden die TXT-Dateien, wie in Abschnitt 3.6 erklärt, importiert.

Diese Punkte werden mit dem Verarbeitungswerkzeug *Punkte zu Weg*, jeweils mit Linien verbunden. Nachdem man mit *Strg+Alt+T* die Verarbeitungswerkzeuge geöffnet, *Punkte zu Weg* gesucht und anschließend mit einem Doppelklick ausgewählt hat, öffnet sich ein Fenster. Als Eingabelayer wählt man nacheinander die Punktgruppen der Parzellen, setzt einen Haken bei *Geschlossene Pfade erzeugen* und startet dann jeweils den Prozess.

Abbildung 24: Screenshot QGIS / Einstellungen Punkte zu Weg - Eigene Darstellung

Das Gleiche wird mit den Punktgruppen Öffentliche Fläche, Baulinien und Neophytenfläche wiederholt. Nach Anpassung der Layereigenschaften erhält man dann folgende Übersicht.

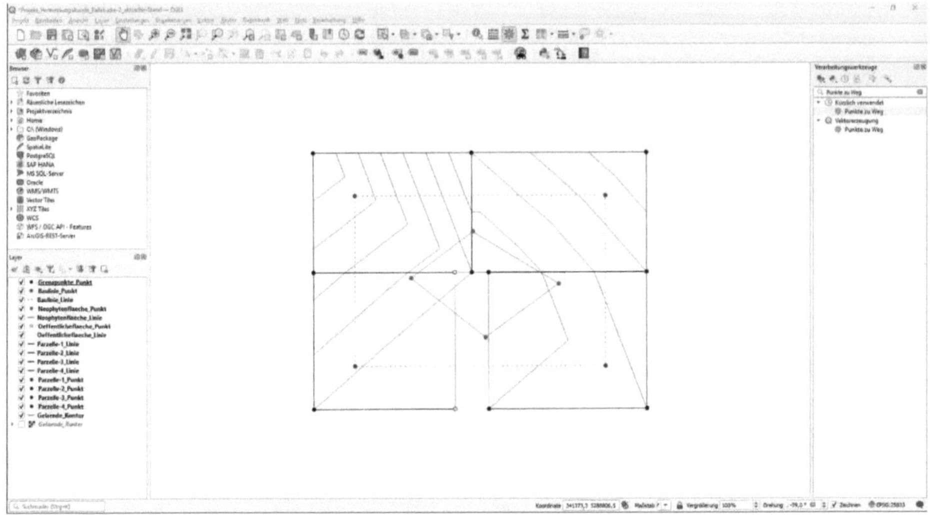

Abbildung 25: Screenshot QGIS / Punktgruppen mit Linien - Eigene Darstellung

3.10 Erstellung eines Polygon-Layers

Jetzt werden aus den eben erstellten Punkt-Layer teilweise Polygon-Layer mit dem Verarbeitungswerkzeug *Linien zu Polygonen* erstellt. Nach Suche des Verarbeitungswerkzeuges und Auswahl durch einen Doppelklick öffnet sich ein Fenster, in dem Parameter angepasst werden können. Als Eingabelayer wählt man nacheinander die Parzellen, die Baulinie und dann die öffentliche Fläche aus.

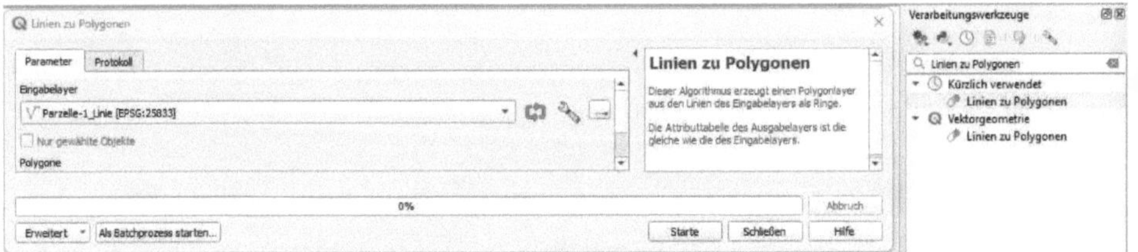

Abbildung 26: Screenshot QGIS / Einstellungen Linien zu Polygonen - Eigene Darstellung

Nach Anpassung der Layereigenschaften und Anzeigereihenfolge erhält man dann folgende Ansicht im Kartenfenster.

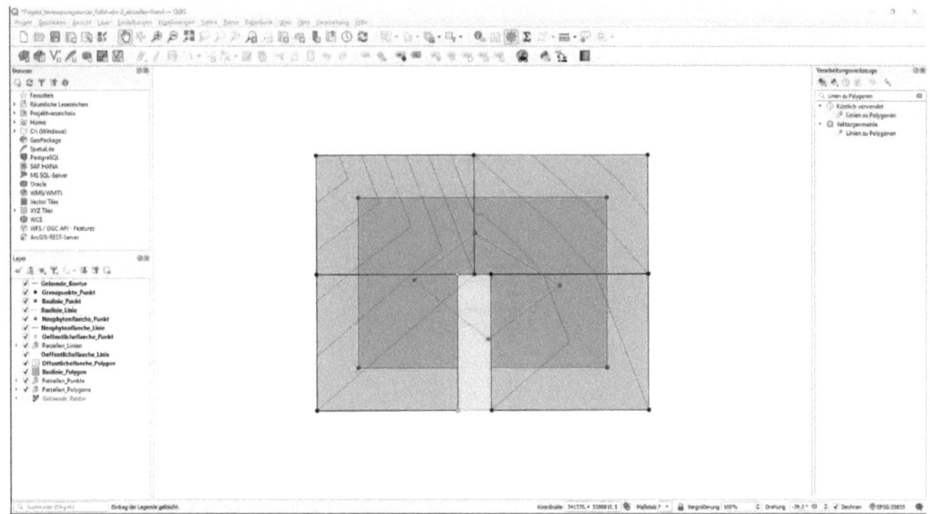

Abbildung 27: Screenshot QGIS / Punktgruppen mit Linien und Polygonen – Eigene Darstellung

3.11 Berechnung der Parzellenflächen

3.11.1 Flächenberechnung mit Excel

Die Flächenberechnung der einzelnen Parzellen erfolgt mit der Formel $Fläche = Länge * Breite$. Bei Parzelle 4 muss allerdings die öffentliche Fläche von der Gesamtfläche der Parzelle subtrahiert werden. Trägt man alle Längen und Breiten der Parzellen ein und wendet die oben genannte Formel zur Flächenberechnung an, erhält man folgende Exceltabelle.

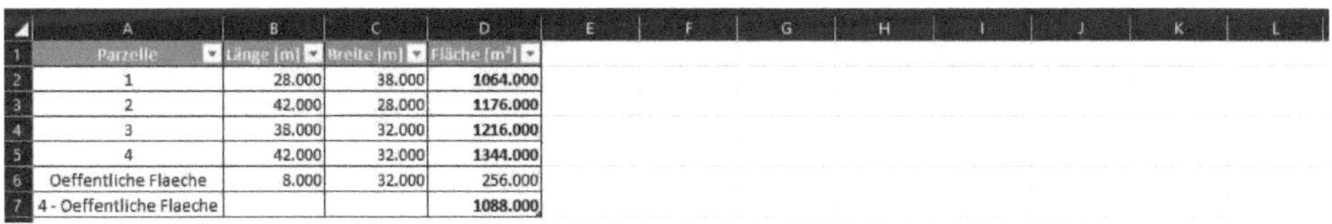

	A	B	C	D	E	F	G	H	I	J	K	L
1	Parzelle	Länge [m]	Breite [m]	Fläche [m²]								
2	1	28.000	38.000	1064.000								
3	2	42.000	28.000	1176.000								
4	3	38.000	32.000	1216.000								
5	4	42.000	32.000	1344.000								
6	Oeffentliche Flaeche	8.000	32.000	256.000								
7	4 - Oeffentliche Flaeche			1088.000								

Abbildung 28: Screenshot Excel / Berechnung Parzellenflächen - Eigene Darstellung

3.11.2 Flächenberechnung mit QGIS

In QGIS kann man die Fläche in Quadratmetern in der Übersicht als Beschriftung einfügen.

Dazu wählt man einen Polygon-Layer der Parzellen aus, drückt auf der Tastatur die Taste *F6,* um die Attributstabelle zu öffnen, und öffnet dann den Feldrechner mit der Tastenkombination *Strg+I.*

Nun gibt man als Ausgabefeldname *Flaeche* ein, wählt als Ausgabefeldtyp *Dezimal* aus, als Ausgabefeldlänge *7* und die Genauigkeit stellt man auf *3.* Im unteren leeren Feld Ausdruck gibt man zuletzt *$area* ein, bestätigt dann alle Eingaben mit *OK* und kann dann die Attributstabelle schließen.

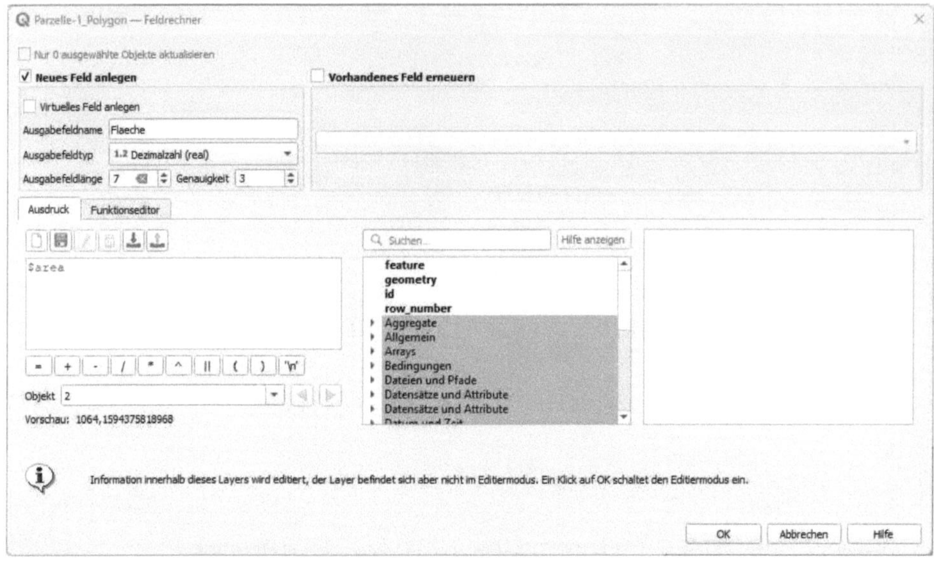

Abbildung 29: Screenshot QGIS / Einstellungen Feldrechner - Eigene Darstellung

Um nun die hinterlegte Flächenbeschriftung im Kartenfenster anzuzeigen, öffnet man durch einen Doppelklick auf den eben bearbeiteten Layer die Layereigenschaften, navigiert auf der linken Seite zu *Beschriftungen*, fügt eine *Einzelne Beschriftung* hinzu und wählt bei Wert das eben angelegte Attribut *Flaeche* aus. Bestätigt man die Eingabe mit OK und wiederholt diese Schritte für die anderen Parzellen-Layer und die öffentliche Fläche, dann erhält man folgende Übersicht.

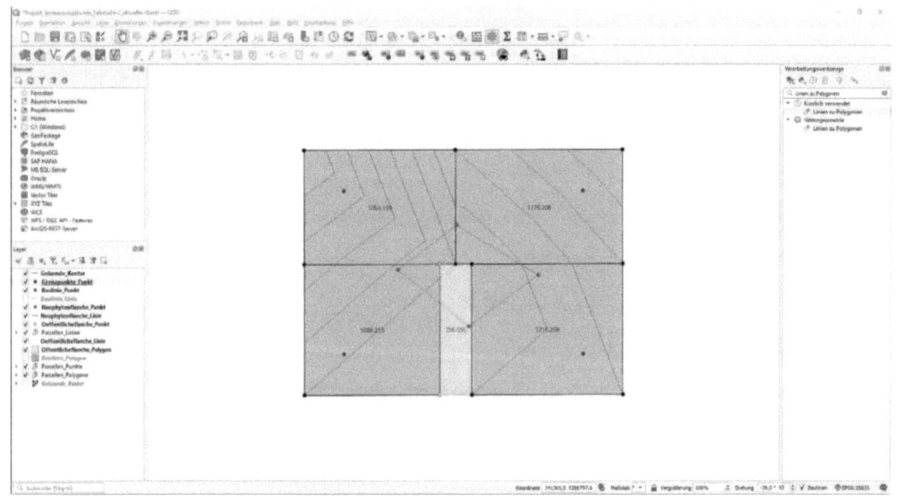

Abbildung 30: Screenshot QGIS / Beschriftung Parzellenflächen - Eigenen Darstellung

3.11.3 Vergleich Excel und QGIS

Aus diesen beiden Berechnungen ergeben sich nun folgende Flächenangaben. Die Differenz, die sich dabei ergibt, resultiert aus der unterschiedlichen Genauigkeit der Ausgangswerte (Länge und Breite).

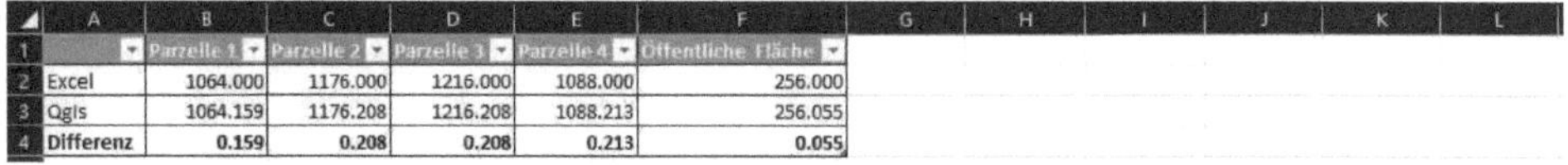

	Parzelle 1	Parzelle 2	Parzelle 3	Parzelle 4	Öffentliche Fläche
Excel	1064.000	1176.000	1216.000	1088.000	256.000
Qgis	1064.159	1176.208	1216.208	1088.213	256.055
Differenz	0.159	0.208	0.208	0.213	0.055

Abbildung 31: Screenshot Excel / Vergleich Parzellenflächen - Eigene Darstellung

3.12 Berechnung der GRZ und GFZ

In der Aufgabenstellung[22] sind folgende Werte gegeben, die für die Berechnung erforderlich sind.

- GRZ 0.4
- GFZ 0.8

3.12.1 Berechnung der GRZ

Die Formel für die maximal bebaubare Grundfläche lautet $Fläche * GRZ$. In Excel ergibt sich daraus folgende Tabelle. Einmal mit den berechneten Parzellenflächen aus Excel und einmal mit den Werten aus QGIS.

Parzelle	Fläche Excel [m²]	Fläche Qgis [m²]	GRZ	GRZ-Fläche Excel [m²]	GRZ-Fläche QGis [m²]
1	1064.000	1064.159	0.4	425.600	425.664
2	1176.000	1176.208	0.4	470.400	470.483
3	1216.000	1216.208	0.4	486.400	486.483
4	1088.000	1088.213	0.4	435.200	435.285

Abbildung 32: Screenshot Excel / Berechnung der max. Baufläche - Eigene Darstellung

3.12.2 Berechnung der GFZ

Mit der Formel $Fläche * GFZ$ lässt sich die maximal zulässige Geschossfläche der einzelnen Parzellen berechnen.

Parzelle	Fläche Excel [m²]	Fläche Qgis [m²]	GFZ	GRZ-Fläche Excel [m²]	GRZ-Fläche QGis [m²]
1	1064.000	1064.159	0.8	851.200	851.327
2	1176.000	1176.208	0.8	940.800	940.966
3	1216.000	1216.208	0.8	972.800	972.966
4	1088.000	1088.213	0.8	870.400	870.570

Abbildung 33: Screenshot Excel / Berechnung der max. Geschossflächen - Eigenen Darstellung

---

[22] (IU Internationale Hochschule, 2023)

3.13 Berechnung der Neophytenfläche

3.13.1 Definition Neophyten

Das bayrische Landesamt für Umwelt (LFU Bayern) definiert Neophyten als gebietsfremde Pflanzen, die vom Menschen nach 1492 (Entdeckung Amerikas) nach Deutschland eingeführt wurden. Es sind somit nicht natürlich vorkommende Pflanzenarten, welche dann zum Problem werden, wenn sie andere, heimische Arten verdrängen, schützenswerte Lebensräume gefährden oder als Unkraut wirtschaftlichen Schaden verursachen.[23]

3.13.2 Flächenberechnung mit QGIS

Um die Neophytenfläche pro Parzelle in QGIS anzeigen zu können, ermittelt man mit dem Verarbeitungswerkzeug *Linienschnittpunkte* zuerst die Schnittpunkte zwischen den Linien-Layer der Parzellen und der Neophytenfläche. Im folgenden Screenshot sieht man, welche Einstellungen vorgenommen werden müssen.

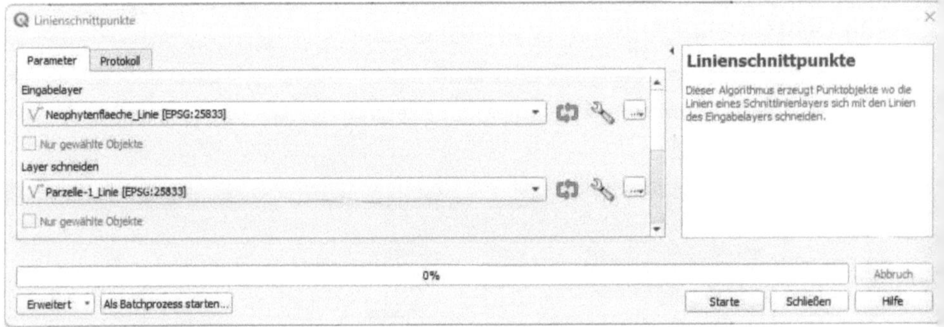

Abbildung 34: Screenshot QGIS / Linienschnittpunkte ermitteln - Eigene Darstellung

Um die X- und Y-Koordinaten exportieren zu können, müssen diese vorher in die Attributstabelle als Feld angelegt werden. Dazu wählt man die vier Layer nacheinander aus, öffnet mit *F6* die Attributstabelle und fügt mit der Tastenkombination *Strg+I* einmal das Feld *E* mit dem Typ *Dezimalzahl* und dem Ausdruck *$x* und einmal ein Feld *N* mit dem Typ *Dezimal* und dem Ausdruck *$y* ein. Die Attributstabelle sollte danach wie folgt aussehen.

---

[23] (LFU Bayern, 2023)

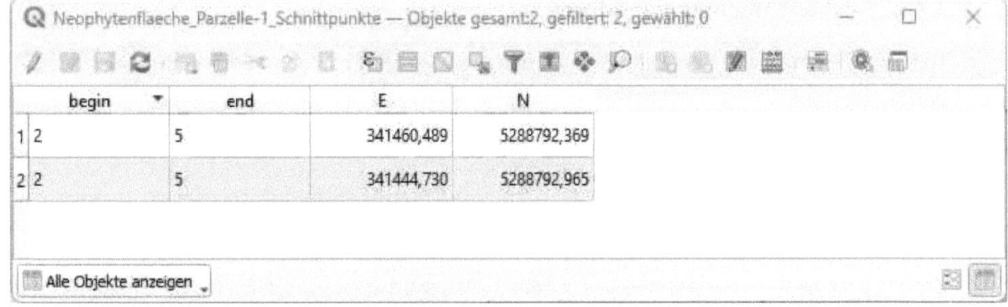

Abbildung 35: Screenshot QGIS / Attributstabelle mit Koordinaten - Eigene Darstellung

Nun werden mithilfe von Excel CSV-Dateien erstellt. Die Koordinaten der Schnittpunkte, Grenzpunkte und der öffentlichen Fläche können jeweils aus den Attributstabellen kopiert werden.

Die abgespeicherten CSV-Dateien können dann, wie in Abschnitt 3.6 erklärt, jeweils importiert und mit dem Verarbeitungswerkzeug *Punkte zu Weg*, jeweils mit Linien verbunden werden.

Anschließend werden aus den eben erstellten Punkt-Layer, wie in Abschnitt 3.10 erklärt, Polygon-Layer mit dem Verarbeitungswerkzeug *Linien zu Polygonen* erstellt.

Zuletzt beschriftet man die jeweiligen Flächen, wie unter Abschnitt 3.11.2 beschrieben, indem man zuerst im *Feldrechner* das Feld *Flaeche* hinzufügt und dann in den *Layereigenschaften* der Polygon-Layer die Einzelbeschriftung *Flaeche* einstellt. Nun werden im Kartenfenster folgende Neophytenflächen angezeigt.

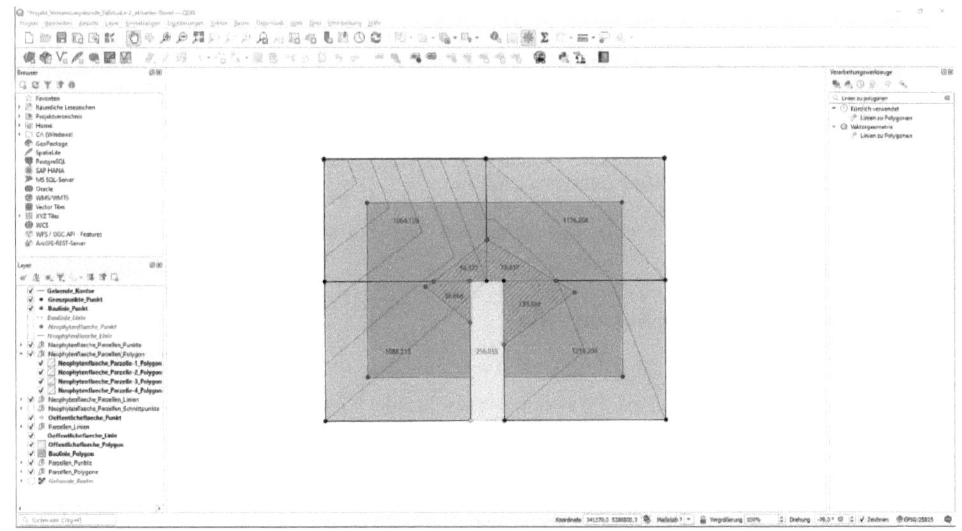

Abbildung 36: Screenshot QGIS / Berechnung der Neophytenflächen - Eigene Darstellung

3.13.3 Flächenberechnung mit Excel

Händisch können die Neophytenflächen der Parzellen mit der Gauß'schen Dreiecksformel[24] berchnet werden.

$$2 * F = \sum_{i=1}^{n} x_i(y_{i+1} - y_{i-1})$$

Die Berechnung sieht dann in Excel wie folgt aus.

	A	B	C	D	E	F	G	H	I	J	K	L
1	Parzelle	Punktnummer	x	y	y(i+1)-y(i-1)	x(i)*y(i+1)-y(i-1)	Fläche F [m²]					
2	1	1	341444.730	5288792.965								
3		2	341460.489	5288792.369	-7.932	-2708464.599						
4		3	341454.583	5288785.033	-4.828	-1648542.727						
5		4	341451.467	5288787.541	7.932	2708393.036						
6		1	341444.730	5288792.965	4.828	1648495.156						
7		2	341460.489	5288792.369		SUMME = 2*F	-119.133					
8						SUMME / 2 = F	-59.566					
9	2	1	341454.583	5288785.033								
10		2	341460.489	5288792.369	7.327	2501881.003						
11		3	341460.730	5288792.360	-17.503	-5976587.157						
12		4	341467.211	5288774.866	-9.836	-3358671.487						
13		5	341457.699	5288782.524	10.167	3471600.426						
14		1	341454.583	5288785.033	9.845	3361620.370						
15		2	341460.489	5288792.369		SUMME = 2*F	-156.846					
16						SUMME / 2 = F	-78.423					
17	3	1	341448.491	5288771.087								
18		2	341457.699	5288782.524	3.779	1290368.645						
19		3	341467.211	5288774.866	-12.594	-4300438.056						
20		4	341469.040	5288769.930	-3.779	-1290411.502						
21		1	341448.491	5288771.087	12.594	4300202.296						
22		2	341457.699	5288782.524		SUMME = 2*F	-278.617					
23						SUMME / 2 = F	-139.309					
24	4	1	341445.480	5288780.104								
25		2	341442.490	5288793.050	12.861	4391291.864						
26		3	341444.729	5288792.965	-5.509	-1881019.012						
27		4	341451.467	5288787.541	-12.861	-4391407.317						
28		1	341445.480	5288780.104	5.509	1881023.149						
29		2	341442.490	5288793.050		SUMME = 2*F	-111.316					
30						SUMME / 2 = F	-55.658					

Abbildung 37: Screenshot Excel / Neophytenflächen - Eigene Darstellung

3.14 Berechnung des Neophytenvolumens

Aus der Aufgabenstellung[25] kann man entnehmen, dass die senkrechte Aushubkote auf 799.00 müNN liegen soll.

3.14.1 Volumenberechnung mit QGIS

Mit dem Verarbeitungswerkzeug *Drapieren (Z-Wert von Raster übernehmen)* kann von einem Punkt-Layer ein neuer Punkt-Layer mit den Höhen des in Abschnitt 3.8 erstellen Rasters *Interpoliert* erstellt werden.

Dazu gibt man als Eingabelayer nacheinander die Punkt-Layer der Neophytenflächen pro Parzelle und als Rasterlayer das Gelände an. Wenn man im Anschluss von dem neu erstellten Punkt-Layer

---

[24] (IU Internationale Hochschule, 2023, S. 143)
[25] (IU Internationale Hochschule, 2023, S. 4)

die Attributstabelle öffnet, den Feldnamen *H*, mit dem Typ *Dezimal,* der Genauigkeit *3* und dem Ausdruck *$z* hinzufügt, kann man in den *Layereigenschaften* die Einzelbeschriftung *H* einstellen und in der Übersicht werden dann die Höhen der Eckpunkte der Neophytenfläche angezeigt.

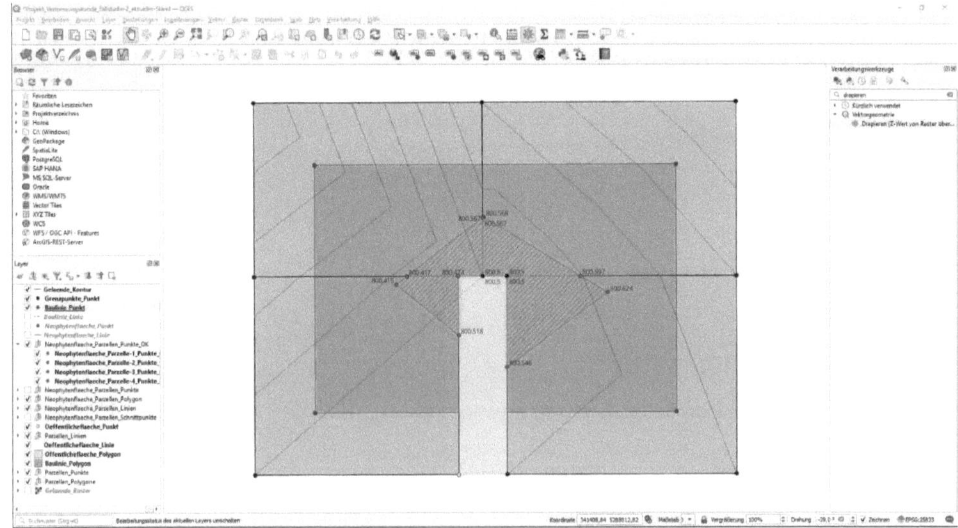

Abbildung 38: Screenshot QGIS / Höhen der Neophytenflächen - Eigenen Darstellung

Nun wird für jede Neophytenfläche ein Raster mit dem Verarbeitungswerkzeug *TIN-Interpolation*, wie in Abschnitt 3.8 beschrieben, erstellt.

Als Vektor-Layer wählt man die eben erstellten Punkt-Layer der Neophytenflächen pro Parzelle, als Interpolationsattribut *H*, setzt den Haken bei *Z-Koordinate für Interpolation verwenden* und klickt dann auf das grüne Kreuz. Als Ausdehnung wählt man den Vektor-Layer der Neophytenflächen pro Parzelle und startet dann die Interpolation. Dies wiederholt man auch mit den anderen Neophytenflächen der einzelnen Parzellen.

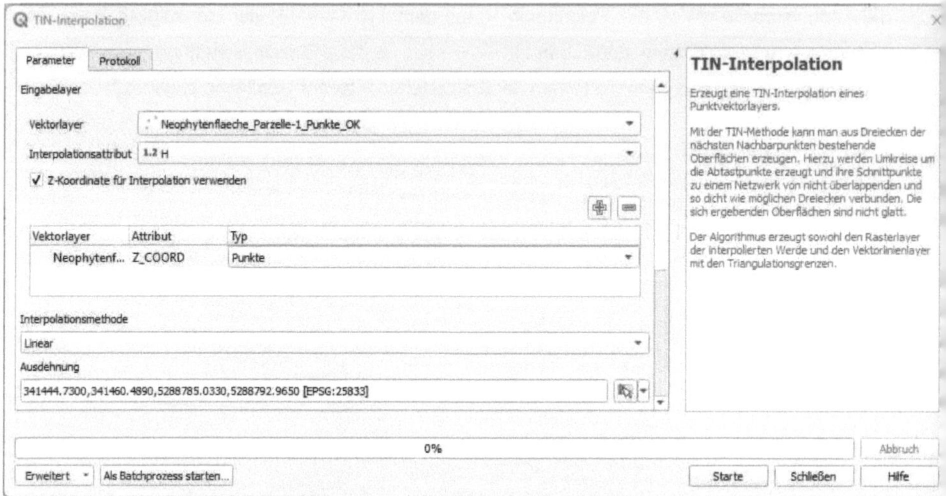

Abbildung 39: Screenshot QGIS / Interpolation der Neophytenflächen - Eigene Darstellung

Anschließend kann für jedes eben erstellte Raster mit dem Verarbeitungswerkzeug *Rasteroberflächenvolumen* ein Bericht erstellt und als Exceltabelle abgespeichert werden.

Dazu startet man das Verarbeitungswerkzeug *Rasteroberflächenvolumen,* wählt als Eingabelayer nacheinander die interpolierten Raster aus, gibt als Grundebene *799,000* an und als Methode *Nur über Grundebene zählen* an. Bevor man den Prozess startet, geht man zuletzt unter Oberflächenvolumentabelle auf *In Datei speichern…,* wählt einen Ablageort und als Dateityp *XLSX-Dateien* aus.

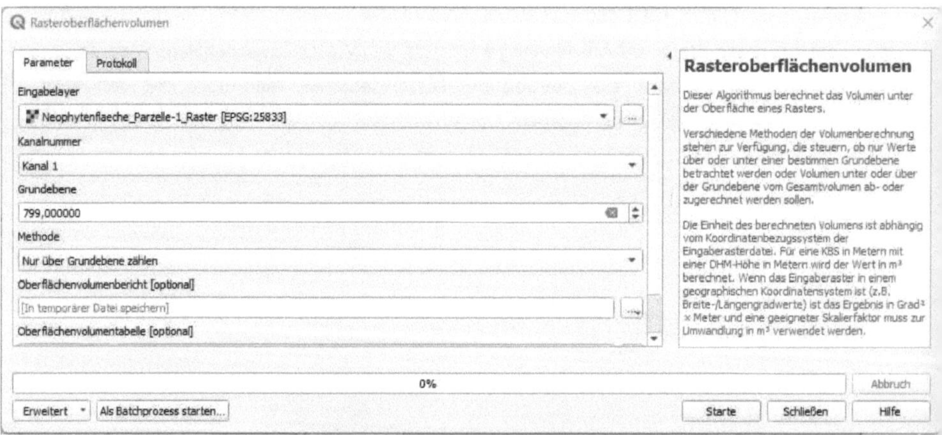

Abbildung 40: Screenshot QGIS / Rasteroberflächenvolumen - Eigene Darstellung

Wählt man die abgespeicherte Tabelle in der Layer-Liste aus und öffnet mit *F6* die Attributstabelle, kann das von QGIS errechnete Volumen abgelesen werden. Öffnet man die abgespeicherte Exceltabellen und fügt die Ergebnisse in einer Tabelle zusammen, kommt an zu folgender Übersicht der Volumenwerte von QGIS.

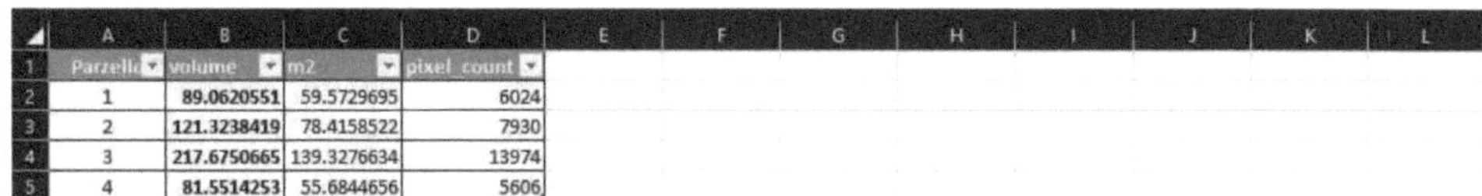

	Parzelle	volume	m2	pixel_count
2	1	89.0620551	59.5729695	6024
3	2	121.3238419	78.4158522	7930
4	3	217.6750665	139.3276634	13974
5	4	81.5514253	55.6844656	5606

Abbildung 41: Screenshot Excel / Neophytenvolumen in QGIS - Eigene Darstellung

3.14.2 Volumenberechnung mit Excel

Mit Excel können nun die in QGIS ermittelten Volumenwerte kontrolliert werden. Dazu werden alle bekannten Höhen der Eckpunkte in eine Exceltabelle eingetragen. Die Höhen der unbekannten Eckpunkte der Neophytenfläche müssen durch den Mittelwert zweier benachbarter bekannter Grenzpunkthöhen ermittelt werden. Für den ersten Grenzpunkt der Parzelle 1 lautet die Formel *(800,5+800,25)/2*. Mit dieser Formel werden auch die anderen unbekannten Höhen ermittelt.

Anschließend wird die Funktion *MEDIAN* auf die Höhen der jeweiligen Parzellen angewendet. Dann wird die in der Aufgabenstellung vorgegebene Zielhöhe 799,000 von dem ermittelten Median-Wert abgezogen. Man erhält eine Differenz, die mit der in Abschnitt 3.11.1 errechneten Parzellenflächen multipliziert wird, um das ungefähre Volumen in Kubikmetern zu erhalten.

Die ausgefüllte Tabelle sieht dann wie folgt aus.

	Parzelle	Punktnummer	Höhe H [müNN]	Median	Zielhöhe [müNN]	Differenz [m]	Fläche F [m²]	Volumen [m³]
2	1	1	800.375					
3		2	800.600					
4		3	800.500					
5		4						
6				800.500	799.000	1.500	59.566	89.350
7	2	1	800.500					
8		2	800.600					
9		3	800.600					
10		4	800.650					
11		5	800.500					
12				800.600	799.000	1.600	78.423	125.477
13	3	1	800.550					
14		2	800.500					
15		3	800.650					
16		4	800.650					
17				800.600	799.000	1.600	139.309	222.894
18	4	1	800.550					
19		2	800.375					
20		3	800.375					
21		4	800.500					
22				800.438	799.000	1.438	55.658	80.008

Abbildung 42: Screenshot Excel / Neophytenvolumen mit Excel - Eigene Darstellung

3.14.3 Vergleich Excel und QGIS

Nach dieser Berechnung können die ermittelten Aushubvolumen aus QGIS und Excel in eine Tabelle verglichen werden. Die Differenzen sind auf die unterschiedliche Genauigkeit der Höhen zurückzuführen.

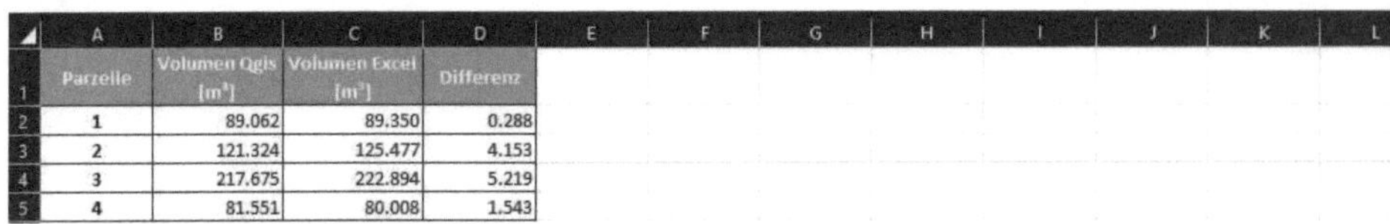

Abbildung 43: Screenshot Excel / Vergleich Neophytenvolumen - Eigene Darstellung

3.15 Finaler Bebauungsplan

Nachdem die Eigenschaften und Reihenfolgen der Layer angepasst wurden, kann ein Drucklayout mit Titel, Legende, Beschriftungen und Maßstabsleiste erstellt werden. Das Ergebnis ist ein Bebauungsplan auf DIN A4 mit dem Maßstab 1:500 (siehe **Fehler! Verweisquelle konnte nicht gefunden werden.**).

4. VERGLEICH GIS- UND CAD-SOFTWARE

4.1 GIS-Software

Der Begriff *Geografisches Informationssystem* (GIS) hat sich als Bezeichnung für raumbezogene Datenverarbeitungssysteme durchgesetzt, mit denen geographische Daten (Geodaten) verarbeitet, Karten erstellt, Analysen durchgeführt, Daten gesammelt und Probleme identifiziert und gelöst werden.[26]

Es lassen sich unterschiedliche Datentypen importieren und der Datenbestand wird in raumbezogenen Ebenen (Layer) angeordnet. So können die Daten durch Datenbanken und Raumbezug verknüpft werden. Damit die Daten importiert und verknüpft werden können ist jedoch ein räumliches Referenzsystem (Koordinatensystem) erforderlich.[27]

4.2 CAD-Software

CAD steht für „computer-aided design" (dt. computergestütztes Konstruieren). Es bietet die Möglichkeit große oder kleine Bauprojekte maßstabsgetreu in Form von 2D- oder 3D-Modellen zu planen.

Es können wie bei einer GIS-Software unterschiedliche Datentypen importiert und mithilfe von Layer (raumbezogenen Ebenen) angeordnet werden. Viele CAD-Programme bieten die Möglichkeit ein Koordinatensystem zu hinterlegen. In der Bauplanung werden CAD-Programme vor allem dazu verwendet zwei- und dreidimensionale Pläne zu erstellen, Konstruktionen zu prüfen und bearbeiten, Innenräume auszustatten und Außenbereiche zu planen. Mit Civil 3D, einer CAD-Software von Autodesk, lassen sich neben 2D-Planungen u.a. auch Gelände modellieren, 3D-Profilkörper erstellen, Schleppkurvenanalysen durchführen und Ver- und Entsorgungsleitungen planen.[28]

5. FAZIT

Als Bauzeichnerin arbeite ich vorwiegend mit CAD-Programmen (Civil 3D). Das Erstellen dieser Fallstudie hat mir gezeigt, dass sich QGIS und AutoCAD ähnlich sind. Die Erstellung der Fallstudie mit Civil 3D hätte mich wahrscheinlich nur etwas mehr Zeit gekostet.

Meine Erfahrung im Arbeitsalltag zeigt, dass sich mit QGIS größere Datenmengen, vor allem größere Rasterdaten (DGM), verarbeiten lassen. Meine Firma nutzt daher QGIS in der Bauplanung, um Rasterdaten aufzuteilen und in ein für AutoCAD verwendbares Format zu konvertieren. Beide Programme haben ihre Vor- und Nachteile. Zur Konstruktion von detaillierten Bauzeichnungen ist eindeutig ein CAD-Programm die bessere Wahl, aber zur Analyse von vielen Geodaten bietet QGIS einfach mehr Möglichkeiten.

---

[26] (Wirtschaftslexikon Gabler, 2018)
[27] (Uni Münster, Dr. Torsten Prinz, 2017)
[28] (Autodesk, 2023)

LITERATURVERZEICHNIS

Autodesk. (2023). *Civil 3D*. Abgerufen am 05. Juli 2023 von https://www.autodesk.de/products/civil-3d/site-design

Bauunternehmen.org. (2023). *Baulexikon: Was ist CAD?* Abgerufen am 05. Juli 2023 von https://www.bauunternehmen.org/lexikon/cad

Gemeinde Kessbronn. (2023). *Arten der Bebauungsplanverfahren im Überblick*. Abgerufen am 09. Juni 2023 von https://www.kressbronn.de/fileadmin/benutzerdaten/kressbronn-de/Bilder_und_PDF/4._Politik_und_Verwaltung/Bauleitplanung/621.0_Arten_der_Bebauun gsplanverfahren_im_%C3%9Cberblick.pdf

Gemeinde Kressbronn. (2023). *Bebauungsplanverfahren kurz erklärt*. Abgerufen am 10. Juni 2023 von https://www.kressbronn.de/politik-verwaltung/bauleitplanung/bebauungsplanverfahren/

Gesetze im Internet. (04. Januar 2023). *Baugesetzbuch - BauGB*. Abgerufen am 09. Juni 2023 von https://www.gesetze-im-internet.de/bbaug/inhalts_bersicht.html

Gesetze im internet. (04. Januar 2023). *Baunutzungsverordnung - BauNVO*. Abgerufen am 09. Juni 2023 von https://www.gesetze-im-internet.de/baunvo/BJNR004290962.html#BJNR004290962BJNG000102116

IU Internationale Hochschule. (2023). *Aufgabenstellung Fallstudie DLBBIVK01*. Abgerufen am 19. April 2023

IU Internationale Hochschule. (Mai 2023). *Prüfungsleitfaden Fallstudie*. Abgerufen am 19. Mai 2023 von https://mycampus.iubh.de/mod/resource/view.php?id=188387&redirect=1

IU Internationale Hochschule. (24. April 2023). *Studienskript DLBBIVK01*. Abgerufen am 10. Juni 2023

Juraforum. (13. März 2023). *Bebauungsplan*. Abgerufen am 09. Juni 2023 von https://www.juraforum.de/lexikon/bebauungsplan#bebauungsplan-sinn-und-zweck-einer-bauplanung

LDBV Bayern. (2023). *Koordinatentransformation*. Abgerufen am 10. Juni 2023 von https://www.ldbv.bayern.de/vermessung/utm_umstellung/koordinatentrafo.html

LFU Bayern. (2023). *Neophyten - gebietsfremde Pflanzen*. Abgerufen am 18. Juni 2023 von https://www.lfu.bayern.de/natur/neobiota/neophyten/index.htm

Uni Münster, Dr. Torsten Prinz. (2017). *Geoinformationssysteme und Rasterdaten*. Abgerufen am 05. Juli 2023 von https://ivvgeo.uni-muenster.de/vorlesung/FE_Script/4_2.html

Wirtschaftslexikon Gabler. (19. Februar 2018). *geografisches Informationssystem (GIS)*. Abgerufen am 05. Juli 2023 von https://wirtschaftslexikon.gabler.de/definition/geografisches-informationssystem-gis-36424/version-259877